Manan Desai
Jaydip Ranva

Conversor CC-CC de entrada múltipla e saída múltipla para veículos eléctricos

Manan Desai
Jaydip Ranva

Conversor CC-CC de entrada múltipla e saída múltipla para veículos eléctricos

ScienciaScripts

Imprint

Cover image: www.ingimage.com

This book is a translation from the original published under ISBN 978-620-7-80859-5.

Publisher:
Sciencia Scripts
is a trademark of
Dodo Books Indian Ocean Ltd. and OmniScriptum S.R.L publishing group

120 High Road, East Finchley, London, N2 9ED, United Kingdom
Str. Armeneasca 28/1, office 1, Chisinau MD-2012, Republic of Moldova, Europe
Printed at: see last page
ISBN: 978-620-7-91449-4

Reconhecimento

Gostaríamos de expressar a nossa sincera gratidão e apreço a todos os que contribuíram para a conclusão deste livro sobre sistemas MIMO (Multiple Input Multiple Output).

Estamos gratos à Universidade Dr. Subhash, Juanagdh, Gujarat, onde grande parte deste trabalho foi efectuado, por fornecer os recursos necessários e o ambiente propício à investigação e à escrita.

Gostaríamos também de agradecer aos investigadores cujo trabalho pioneiro e contribuições moldaram o campo dos sistemas MIMO, fornecendo a base para este livro.

Obrigado.

Manan M. Desai

Jaydip K. Ranva

Índice

Abreviaturas

PPVS	Per-unit peak voltage stress
DC	Direct current
MIMO	Multiple input multiple output
S	Switch
V_I	Input voltage
V_O	Output voltage
C	Capacitor
C_{o1}	Output side capacitor
IEEE	Institute of electrical and electronics engineer
W	Watt
V	Volt
ZVT	Zero voltage turn off
PEC	Power electronic component
L	inductor
CCM	Continues conduction mode
SIMO	Single input multi output
MISO	Multi output single input
USP	Uninterruptible Power Supplies

Resumo

Durante um período de tempo considerável, os conversores de potência de modo de comutação têm sido um componente essencial da tecnologia eletrónica moderna, presente numa vasta gama de sectores como o consumo, os serviços públicos, o comércio e a indústria. Atualmente, as aplicações baseadas na conversão CC/CC de baixa potência utilizam mais frequentemente três tipos principais de conversores de potência: buck, boost e buck-boost. Em aplicações especializadas, são utilizadas versões melhoradas ou sofisticadas das topologias convencionais. Existem várias topologias distintas de conversores DC/DC na literatura, mas nenhuma solução única pode lidar com todas as aplicações. A aplicação de técnicas de conversão é vasta na indústria, na I&D e na vida quotidiana em geral.

Devido à sua utilização generalizada em várias aplicações industriais, os conversores DC/DC são um tópico crucial de investigação nos domínios da eletrónica de potência e dos accionamentos de energia. Ilustração de algumas das aplicações. Numerosas aplicações de alta tecnologia, tais como sistemas de radar, sistemas de distribuição DC, centros de dados e a exploração de energias renováveis, utilizam conversores de ganho de alta tensão. No caso das aplicações de energias renováveis, isto é particularmente importante, uma vez que os conversores CC/CC de elevado ganho de tensão permitem aumentar a tensão de modo a que esta seja adequada para a integração no sistema de distribuição. A distribuição de corrente contínua é a opção preferida para uma vasta gama de aplicações, porque tem uma série de vantagens, tais como menos unidades de conversão, menor custo e melhor qualidade de energia.

É importante notar que diferentes aplicações têm diferentes objectivos de conceção para os conversores electrónicos de potência. No entanto, os critérios mais comuns são a maximização do desempenho e a melhoria da densidade de potência, reduzindo simultaneamente o custo global. Além disso, devem ser tidas em conta as condições de funcionamento, incluindo os factores ambientais e o funcionamento a uma frequência em que as perdas do núcleo e as perdas de comutação sejam tão reduzidas quanto possível. Para satisfazer as exigências de densidade de potência, é necessário ter em conta a redução da ondulação da tensão e da corrente, bem como a dissipação de calor e as interferências electromagnéticas. A tabela 1 apresenta um resumo de alguns destes elementos

Capítulo 1 : Introdução

1.1 Visão geral

Atualmente, o mundo está a olhar para os automóveis eléctricos (VE) para resolver os problemas de poluição causados pelos veículos que funcionam com combustíveis fósseis.

A crescente procura de produção de energia, a diminuição do consumo de combustíveis fósseis, a necessidade de proteger o ambiente, as limitações eléctricas e a disponibilidade de combustível levaram à consideração de novas energias. A procura de fontes de energia renováveis é muito grande na sociedade atual.

A maioria dos sistemas eléctricos é alimentada por um único tipo de fonte de energia, como a eletricidade da rede pública, solar, eólica, etc. Periodicamente, os sistemas podem ser alimentados por duas fontes de energia, como uma UPS (Uninterruptible Power Supply). Os sistemas do futuro terão de comunicar com uma variedade de fontes de energia, incluindo fontes de energia renováveis. Os sistemas do futuro terão de se ligar a várias fontes de energia, sendo as fontes de energia renováveis especialmente importantes. A integração de várias fontes conduz a uma maior flexibilidade, fiabilidade e utilização das fontes de energia escolhidas.

Na maioria dos casos, uma fonte é preferida em relação às outras, ou para uma utilização óptima dos recursos, muitas fontes devem ser combinadas simultaneamente. Isto exige a utilização de um conversor de potência de entradas múltiplas.

Este novo sistema será composto por muitas fontes de entrada de energia que são combinadas utilizando conversores electrónicos de potência de múltiplas entradas. Estes conversores podem lidar com uma gama de fontes de entrada e combinar os seus benefícios para fornecer uma saída controlada para uma variedade de aplicações.

Um circuito eletromagnético constitui um conversor dc-dc. A principal função deste circuito é alterar um nível diferencial de tensão, ou seja, a tensão para outro nível de diferenciação possível. Existem variações periódicas tanto na potência de entrada direta como na potência de saída.

Para uma utilização mais eficaz dos recursos, uma fonte é normalmente preferida a todas as outras, ou é ideal misturar várias fontes de uma só vez. Por este motivo, é necessário um conversor de potência de entradas múltiplas.

Um conversor DC-to-DC boost é um tipo de conversor de potência que aumenta a tensão de uma entrada DC inferior para gerar uma saída DC superior. O conversor boost armazena energia num indutor quando um transístor de comutação está ativo e liberta-a quando o transístor está desligado.

Um conversor de impulso CC-CC com várias fontes de entrada e várias cargas de saída é conhecido como conversor de múltiplas entradas e múltiplas saídas (MIMO). Como resultado, o conversor pode utilizar várias fontes de energia e dividir a potência de saída por várias cargas.

1.2 Conversor SISO

Declaração do problema Conversor SISO

Ao utilizar um sistema de entrada única e saída única (SISO) num veículo elétrico (VE) ou num sistema de veículo elétrico, podem surgir várias limitações ou desafios:

1. Controlo limitado: Os sistemas SISO podem ter dificuldades com tarefas de controlo complexas. Os veículos eléctricos exigem mecanismos de controlo complexos para vários componentes, como a velocidade do motor, o binário, a gestão da bateria, etc. Uma configuração SISO pode não tratar eficazmente todos estes aspectos em simultâneo.

2. Limitações de desempenho: Os sistemas EV exigem frequentemente níveis de desempenho elevados. As configurações SISO podem não oferecer a flexibilidade ou a capacidade necessárias para otimizar o desempenho em vários parâmetros simultaneamente.

3. Complexidade do sistema: Os VE são sistemas complexos com múltiplos componentes interligados. A utilização de uma abordagem SISO pode levar a uma configuração mais complicada, exigindo uma coordenação intrincada entre vários subsistemas, que pode tornar-se difícil de gerir ou otimizar.

4. Escalabilidade: À medida que a tecnologia EV avança, pode haver necessidade de escalabilidade nos sistemas de controlo. Uma arquitetura SISO pode ter dificuldade em adaptar-se e escalar eficientemente para satisfazer os requisitos em evolução sem uma remodelação ou reestruturação significativa.

5. Tolerância a falhas e redundância: Em sistemas críticos como um veículo elétrico, a redundância e a tolerância a falhas são cruciais. As configurações SISO podem não ter redundância em componentes cruciais, levando potencialmente a falhas do sistema em caso de falha num único ponto.

6. Desafios da integração: A integração de diferentes componentes, como a gestão da bateria, o controlo do motor, a travagem regenerativa, etc., numa estrutura SISO coesa pode ser um desafio e pode não aproveitar eficazmente os benefícios da integração.

7. Otimização e eficiência: Os veículos eléctricos exigem uma elevada eficiência para maximizar a autonomia e o desempenho. A otimização da eficiência em diferentes aspectos, como a gestão de energia, a distribuição de energia e o controlo, pode não ser a melhor opção numa configuração SISO em comparação com uma arquitetura de controlo mais sofisticada.

1.3 Solução proposta

Nos VE híbridos em que existem várias fontes de energia (como o motor de combustão interna e o motor elétrico), podem ser utilizados conversores com características MIMO para gerir o fluxo de energia entre estas fontes e o sistema de armazenamento de energia.

Embora as implementações directas de conversores MIMO em veículos eléctricos possam não estar generalizadas, o conceito de utilização de múltiplas entradas e saídas em vários subsistemas de controlo e gestão da energia num veículo elétrico está a ser investigado e aplicado para melhorar a eficiência, o desempenho e o controlo globais destes veículos. Estas estratégias avançadas de controlo e gestão da energia contribuem para melhorar a funcionalidade e a eficácia dos veículos eléctricos no panorama automóvel moderno

1.4 Objectivos

Em comparação com as técnicas SISO (Single-Input, Single-Output), o MIMO permite uma distribuição mais uniforme da energia em toda a estrutura, os níveis de força podem ser mantidos mais baixos, os dados de ensaio modal podem ser obtidos num único disparo, enquanto as não linearidades têm menos probabilidades de serem excitadas.

No sistema de produção de energia eléctrica com emissões zero, um conversor CC-CC de entradas múltiplas é útil para obter a tensão de saída regulada a partir de várias fontes de energia de entrada, tais como um painel solar, um gerador eólico, uma célula de combustível, etc.

1.5 Âmbito do trabalho

Eis alguns domínios em que as configurações ou conceitos do tipo MIMO podem ser aplicados nos sistemas EV:

1. Eletrónica de potência: No domínio da eletrónica de potência dos veículos eléctricos, podem ser utilizados conversores com múltiplas entradas e múltiplas saídas para gerir o fluxo de energia entre diferentes fontes e cargas. Por exemplo, um conversor pode gerir a energia de várias fontes, como a travagem regenerativa, diferentes conjuntos de baterias e unidades de energia auxiliares para distribuir eficientemente a energia a vários componentes.

2. Gestão de baterias: As estratégias de controlo do tipo MIMO podem ser utilizadas para sistemas de gestão de baterias. Estes sistemas podem gerir o carregamento, o descarregamento e o equilíbrio entre diferentes células ou pacotes num veículo elétrico para otimizar a vida útil da bateria, o desempenho e a segurança geral.

3. Controlo do motor: Os veículos eléctricos utilizam frequentemente vários motores para vários fins (por exemplo, propulsão, direção assistida, ar condicionado). A implementação de conceitos MIMO pode ajudar a melhorar as estratégias de controlo do motor, garantindo um desempenho coordenado e optimizado em vários motores.

4. Sistemas de recuperação de energia: As configurações MIMO podem ser utilizadas em sistemas de recuperação de energia, permitindo a conversão e distribuição eficientes da energia colhida da travagem ou de outras fontes para o sistema de alimentação do veículo.

5. VEs híbridos: Nos VEs híbridos em que existem várias fontes de energia (como o motor de combustão interna e o motor elétrico), podem ser utilizados conversores com características MIMO para gerir o fluxo de energia entre estas fontes e o sistema de armazenamento de energia

Capítulo 2 : Revisão da literatura

2.1 Conversores de potência CC-CC de múltiplas entradas para veículos eléctricos híbridos [1]

Autores: "Pawankumar Pathank, Anilkumar Yadav, Sajeevikumar Padmanaban, P.A. Alvi, Innocent Kamwa"

Objetivo:

Um conversor de potência CC-CC com várias entradas é utilizado para ligar mais do que uma fonte de energia para reduzir a complexidade do sistema e melhorar a eficácia global do sistema.

Topologias do conversor

- O veículo híbrido elétrico com base em FC (FCHEV)

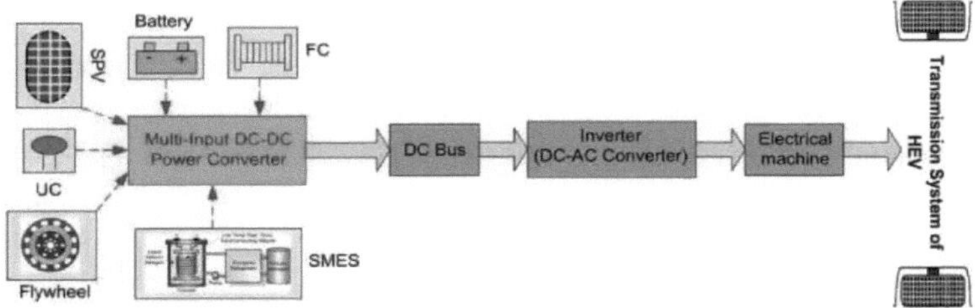

Figura 1: Representação do conversor de potência mi dc-dc em hevs [1]

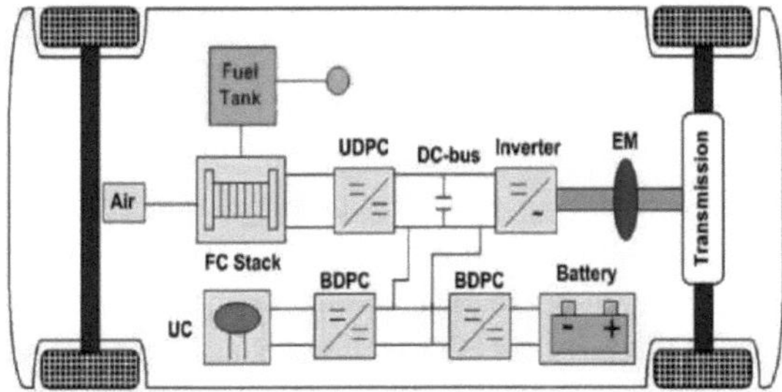

Figura 2: Hibridação FC, UC e bateria [1]

Devido ao seu papel crucial na produção de energia, armazenamento de energia, automóvel, tração, defesa, aeroespacial, sistemas de utilidade pública, dispositivos electrónicos portáteis, integração de sistemas e sistemas de eficiência energética, a eletrónica de potência está a liderar um tipo especial de industrialização. As tendências recentes mostram que a eletrónica de potência desempenhará um papel crucial no aumento da eficiência energética, abordando os problemas causados pelas alterações climáticas globais e promovendo um futuro sustentável.

O conversor foi dividido maioritariamente em quatro categorias.

I) AC-AC,

II) AC-DC,

III) DC-DC,

IV) CC-CA.

Tanto para aplicações ligadas à rede como para aplicações autónomas, um conversor DC-DC funciona melhor. O único conversor que pode ser utilizado tanto para criar como para consumir energia é o conversor CC-CC. Configurações de entrada e saída simples ou múltiplas. Existem várias configurações de conversores disponíveis, incluindo conversores Multi-Input Multi-Output (MIMO), Single Input Single Output (SISO), Single Input Multi-Output (SIMO) e Multi-Input Single Output (MISO), para satisfazer as necessidades de várias aplicações com requisitos de nível de saída variável. As fontes de entrada múltiplas aumentam a eficiência energética e diminuem as perdas. Um conversor deste tipo permite frequentemente a integração de numerosas fontes que produzem diretamente eletricidade CC. Este documento apresenta uma visão geral dos conversores MIMO, incluindo uma discussão das suas várias topologias, configuração de entrada e saída, vantagens e desvantagens, aplicações e potenciais utilizações futuras.

Propôs uma nova estrutura de três conversores CC-CC de entrada FC, SPV e bateria são as três fontes de energia presentes no conversor. A bateria é utilizada como unidade de armazenamento de energia na topologia apresentada em e ao aumento dos preços do petróleo, ao esgotamento dos combustíveis fósseis e à sustentabilidade recentemente, a indústria automóvel tem prestado muita atenção ao desenvolvimento de VEs baseados em FC. Para além de outras unidades de produção e armazenamento de energia, ou FC, criam uma unidade de fonte de energia híbrida conhecida como FCHEV. A ligação de diferentes unidades de fonte de energia num barramento de ligação CC comum é um dos problemas cruciais dos FCHEV, que constitui o principal teste difícil para os investigadores neste sector. Com a ajuda de uma publicação exaustiva, o principal objetivo deste estudo de revisão é dar aos leitores uma compreensão profunda das classificações topológicas dos VCEFs e das topologias de conversores de potência CC-CC de entradas múltiplas utilizadas nos VCEFs e nas aplicações de energias renováveis distribuídas. As unidades de produção e armazenamento de energia, ou FC, criam uma unidade de fonte de energia híbrida conhecida como FCHEV. A ligação de diferentes unidades de fonte de energia num barramento de ligação CC comum é um dos problemas cruciais dos FCHEV, que constitui o principal teste difícil para os investigadores neste sector. Com a ajuda de uma publicação exaustiva, o principal objetivo deste estudo de revisão é dar aos leitores uma compreensão profunda das classificações topológicas dos FCHEV e das topologias de conversores de potência CC-CC de entradas múltiplas utilizadas nos FCHEV e nas aplicações de energias renováveis distribuídas.

2.2 Projeto e Implementação de uma Topologia de Conversor CC-CC de Entrada Única e Saída Múltipla para Módulos de Energia Auxiliar de Veículos Eléctricos

Autores: Mudadla Dhananjaya, Devendra Potnuru, Premkumar Manoharan e Hassan Haes Alhelou.

Objetivo:

Um conversor DC-DC compacto é necessário como módulo de energia auxiliar em veículos eléctricos (VE) para alimentar o motor elétrico de bordo e outros auxiliares.

Topologias do conversor

- Saídas independentes sem afetar as outras cargas durante o funcionamento.
- Um conversor CC-CC multiportas com entrada única e saída múltipla (SIMO).
- Tensão de entrada =48V e tensão de saída =24V e 14,4V

Os veículos eléctricos devem ter um pequeno conversor DC-DC como módulo de energia auxiliar. O motor elétrico de bordo e vários auxiliares serão alimentados por (EVs). A maioria dos conversores multiportas atualmente em uso tem restrições quanto ao rácio de funcionamento, às correntes de carga do indutor (iL1>iL2 ou iL1iL2) e à saída. A regulação cruzada durante a variação da carga e a questão das tensões (V01>V02 ou V01V02). Para contornar todas estas restrições, este trabalho introduz um conversor DC-DC multi-porta usando Single-Input Multiple-Output (SIMO).

A topologia sugerida produz saídas separadas sem ter impacto nas outras cargas enquanto está a ser utilizada.

Verifica-se que a regulação cruzada é eficientemente reduzida quando as cargas são controladas. Sem quaisquer restrições no rácio de funcionamento ou na carga da corrente do indutor, o conversor pode ser facilmente controlado. Para testar a viabilidade do conversor proposto, foi utilizado um protótipo capaz de produzir duas tensões de saída de 24V e 14,4V com rácios de funcionamento de 50% e 30% com uma tensão de entrada de 48V. Pode ser expandido para ter mais do que uma saída. A análise dos resultados da simulação e dos testes demonstra a viabilidade deste módulo de potência auxiliar para aplicações em veículos eléctricos.

Para o módulo de alimentação auxiliar dos veículos eléctricos, é apresentado, examinado e implementado um novo esquema da arquitetura do conversor SIDO DCDC. Para obter tensões de saída N, é também sugerida uma versão alargada da arquitetura do conversor. São fornecidas explicações pormenorizadas do conversor proposto em CCM e DCM. O desempenho da resposta da malha de controlo fechada do conversor sugerido foi verificado com a análise do gráfico de Bode, bem como com a modelação de pequenos sinais do conversor proposto para calcular a função de transferência, que é crucial na implementação da malha de controlo de realimentação.

2.3 Conversor Zeta de múltiplas entradas e múltiplas saídas para sistemas híbridos de armazenamento de energia renovável [3]

Autores: A.G. Karthikeyan, K.Premkumar, P.Suresh, G.Ramya, AJohnson Antony

Objetivo:

(MIMO)O conversor Zeta é proposto para aplicações híbridas de energias renováveis.

Topologias de conversor

Topologias do conversor

- Corrente de saída contínua
- alta tensão Ganho
- Capacidade de reforço Buck
- com frequências de comutação mais elevadas

Os veículos eléctricos devem ter um pequeno conversor CC-CC como módulo de alimentação auxiliar.

O motor elétrico de bordo e vários auxiliares serão alimentados por (EVs). A maioria dos conversores multiportas atualmente em uso tem restrições no rácio de serviço, nas correntes de carga do indutor (iL1>iL2 ou iL1iL2) e na saída. A regulação cruzada durante a variação da carga e a questão das tensões (V01>V02 ou V01V02). Para contornar todas estas restrições, este trabalho introduz um conversor DC-DC multi-porta usando Single-Input Multiple-Output (SIMO).

A topologia sugerida produz saídas separadas sem ter impacto nas outras cargas enquanto está a ser utilizada.

Verifica-se que a regulação cruzada é eficientemente reduzida quando as cargas são controladas. Sem quaisquer restrições no rácio de funcionamento ou na carga da corrente do indutor, o conversor pode ser facilmente controlado. Para testar a viabilidade do conversor proposto, foi utilizado um protótipo capaz de produzir duas tensões de saída de 24V e 14,4V com rácios de funcionamento de 50% e 30% com uma tensão de entrada de 48V. Pode ser expandido para ter mais do que uma saída. A análise dos resultados da simulação e dos testes demonstra a viabilidade deste módulo de potência auxiliar para aplicações em veículos eléctricos.

Para o módulo de energia auxiliar dos veículos eléctricos, é apresentado, examinado e implementado um novo esquema da arquitetura do conversor SIDO DCDC. Para obter tensões de saída N, é também sugerida uma versão alargada da arquitetura do conversor. São fornecidas explicações pormenorizadas do conversor proposto em CCM e DCM. O desempenho da resposta da malha de controlo fechada do conversor sugerido foi verificado com a análise do gráfico de Bode, bem como com a modelação de pequenos sinais do conversor proposto para calcular a função de transferência, que é crucial na implementação da malha de controlo de realimentação.

Capítulo 3 : Classificação dos conversores

3. Classificação dos conversores

- ac para dc (rectificadores)
- dc para dc (choppers)
- dc para ac (inversor)
- CA para CA (cicloconversores)

3.1 Tipos de conversor Dc para Dc:

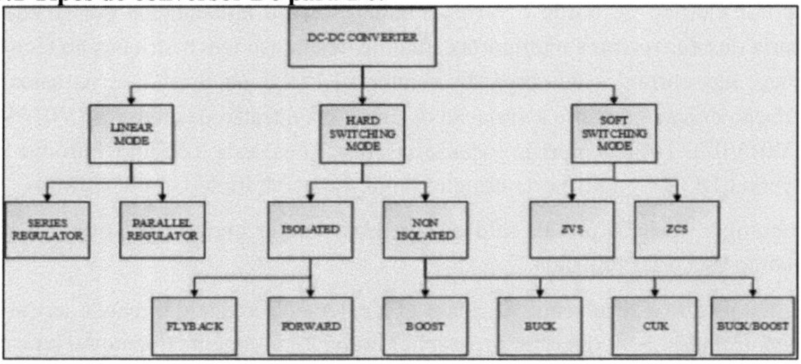

Figura 3.1.1: Tipos de conversores CC-CC [5]

Os conversores CC são componentes essenciais em vários sistemas electrónicos e eléctricos, utilizados para converter a energia CC de um nível de tensão para outro. São classificados em vários tipos, cada um com aplicações específicas e características de eficiência:

1. **Conversor Buck (Conversor abaixador)**

- **Função**: Reduz a tensão de entrada para uma tensão de saída mais baixa.
- **Aplicações**: Fontes de alimentação para microprocessadores, dispositivos móveis e equipamento alimentado por bateria.
- **Eficiência**: Normalmente varia entre 85% e 95%, dependendo do projeto e das condições de carga.

2. **Conversor Boost (Conversor de aumento de passo)**

- **Função**: Aumenta a tensão de entrada para uma tensão de saída mais elevada.

- **Aplicações**: Fontes de alimentação para dispositivos portáteis, sistemas de energia solar e veículos eléctricos.
- **Eficiência**: Geralmente varia entre 85% e 95%, sendo a eficiência afetada pelo ciclo de funcionamento e pela qualidade dos componentes.

3. **Conversor Buck-Boost**

- **Função**: Pode aumentar ou diminuir a tensão de entrada.
- **Aplicações**: Sistemas alimentados por baterias em que a tensão de entrada pode variar acima e abaixo da tensão de saída, como em sistemas de gestão de baterias e aplicações de energia renovável.
- **Eficiência**: Normalmente, varia entre 75% e 90%, dependendo do modo de funcionamento e da conceção.

4. **Conversor Cuk**

- **Função**: Fornece uma tensão de saída que é maior ou menor do que a tensão de entrada, com a polaridade de saída oposta à de entrada.
- **Aplicações**: Fontes de alimentação que requerem tensões de saída negativas, dispositivos alimentados por bateria e accionamentos de motores CC.
- **Eficiência**: Geralmente varia de 80% a 90%.

5. **Conversor SEPIC (conversor primário-indutor de terminação única)**

- **Função**: Fornece uma tensão de saída que pode ser maior ou menor do que a tensão de entrada, com a mesma polaridade.
- **Aplicações**: Dispositivos alimentados por bateria, eletrónica automóvel e controladores de LED.
- **Eficiência**: Normalmente, varia entre 75% e 90%.

6. **Conversor Flyback**

- **Função**: Fornece isolamento elétrico entre a entrada e a saída e pode aumentar ou diminuir a tensão.
- **Aplicações**: Aplicações de baixa potência, como fontes de alimentação isoladas, carregadores de bateria e pequenos adaptadores de energia.
- **Eficiência**: Normalmente, varia entre 70% e 85%.

7. **Conversor de avanço**

- **Função**: Proporciona isolamento elétrico e reduz a tensão, sendo normalmente utilizado em aplicações de maior potência do que os conversores flyback.
- **Aplicações**: Fontes de alimentação para equipamentos de comunicação, controlos industriais e computadores.
- **Eficiência**: Geralmente varia de 80% a 90%.

8. **Conversor Push-Pull**

- **Função**: Proporciona isolamento elétrico e pode aumentar ou diminuir a tensão, com boa eficiência a níveis de potência elevados.
- **Aplicações**: Aplicações de média a alta potência, tais como inversores, fontes de alimentação para equipamento industrial e eletrónica automóvel.
- **Eficiência**: Normalmente, varia entre 85% e 95%.

9. **Conversor de ponte completa**

- **Função**: Fornece isolamento elétrico e é adequado para aplicações de alta potência, capaz de aumentar ou diminuir a tensão.
- **Aplicações**: Aplicações de alta potência, tais como fontes de alimentação para servidores, fontes de alimentação para telecomunicações e sistemas de energia industriais.
- **Eficiência**: Geralmente varia de 90% a 95%.

10. **Conversor de meia ponte**

- **Função**: Semelhante ao conversor de ponte completa mas utiliza menos componentes, adequado para aplicações de média potência.
- **Aplicações**: Aplicações de média potência, tais como fontes de alimentação de eletrónica de consumo, amplificadores de áudio e accionamentos de motores.
- **Eficiência**: Normalmente, varia entre 85% e 90%.

Considerações sobre a eficiência

A eficiência dos conversores de corrente contínua é influenciada por vários factores, incluindo a qualidade dos componentes, a topologia do projeto, as condições de funcionamento e a gestão térmica.

Uma maior eficiência é geralmente preferida, uma vez que reduz as perdas de energia, melhora a fiabilidade do sistema e minimiza a produção de calor.

Ao selecionar o tipo adequado de conversor CC para uma aplicação específica, os engenheiros podem otimizar o desempenho, a eficiência e o custo, assegurando que a fonte de alimentação satisfaz as exigências do dispositivo ou sistema de utilização final.

3.2. Conversor Dc para Dc não isolado:

- conversor buck
- conversor de impulso
- conversor buck-boost

3.3 Definição de Boost Converter:

Quando uma carga requer um nível mais elevado de tensão de entrada, é utilizado o conversor boost. Um conversor boost é um conversor dc-dc que aumenta a tensão da sua entrada para a saída. É um membro da classe das fontes de alimentação comutadas, que também inclui pelo menos dois semicondutores e um dos seguintes dispositivos de armazenamento de energia: um condensador, um indutor ou ambos.

3.4 Aplicação do conversor Dc-To-Dc:

A seguir estão as aplicações do conversor Dc-To-Dc.

3.4.1 Aplicação de energias renováveis:

As topologias de conversores CC/CC utilizadas em aplicações de energias renováveis têm de obter uma corrente de entrada contínua e suave, de modo a reduzir as ondulações. Devem também ser capazes de se integrar com diferentes tipos de fontes de energia. As topologias de ganho de alta tensão intercaladas e não isoladas são normalmente utilizadas para a interface entre as energias renováveis e as micro-redes.

3.4.2 Dispositivos médicos:

Os conversores CC/CC isolados são cruciais em aplicações em que a segurança é um aspeto crítico. Isto é essencial para separar a saída de tensões perigosas no lado da entrada. No entanto, podem ser utilizadas topologias de conversores não isolados para aplicações como a alimentação eléctrica de um sistema de raios X.

3.4.3 Veículos:

No caso dos veículos, o conversor CC/CC principal transforma a energia da bateria de alta tensão a bordo em tensões CC mais baixas utilizadas para alimentar as luzes, os limpa para-brisas e os controlos dos vidros. Isto aplica-se tanto a veículos eléctricos como a veículos híbridos eléctricos. O isolamento é crucial nos casos em que é essencial separar os sistemas de controlo dos domínios de alta tensão. Os conversores Buck-boost são utilizados para aumentar ou diminuir a tensão, e os conversores de bomba de carga são utilizados para a inversão de tensão.

3.4.4 Iluminação inteligente:

Várias aplicações de iluminação requerem soluções de controladores de retroiluminação LED que possuam elevada eficiência, controlo de corrente direta, proteção de tensão, controlo baseado em PWM e design simples. As topologias de conversor CC/CC que servem como controladores eficazes incluem reguladores lineares, bombas de carga e outros conversores de comutação convencionais

Capítulo 4 : Topologia de Multie Input Multie Output

4.1 Topologia da entrada Multie Saída Multie

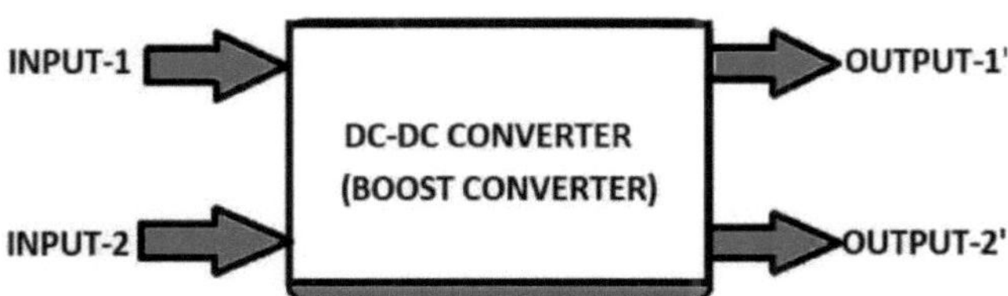

Figura 4.4.1: Diagrama de blocos do conversor DC-DC

A conceção fundamental de um conversor CC-CC com múltiplas entradas e múltiplas saídas está representada na Fig. 1.2. Esta topologia tem duas fontes de entrada (entrada-1 e entrada-2) e duas cargas de saída.

(Saídas 1' e 2').

O conversor boost é composto por um indutor (L), um interrutor (S), um díodo (D) e um condensador (C). Semelhante a um conversor boost com uma única entrada, o conversor boost MIMO funciona da mesma forma. Quando o interrutor S está fechado, o indutor L carrega-se e armazena a energia das fontes de entrada. Quando o interrutor S é aberto, a energia armazenada no indutor L pode ser transferida para as cargas de saída Vo1 e Vo2 graças ao díodo D e ao condensador C.

O ganho de tensão do conversor é influenciado pelo ciclo de funcionamento do interrutor S. Para garantir que cada fonte de entrada contribui uniformemente para a potência de saída quando existem muitas fontes de entrada, o conversor pode ser ajustado para equilibrar a potência entre as entradas. O conversor também pode ser gerido para equilibrar a potência entre as saídas e garantir que cada carga de saída recebe a tensão e a corrente necessárias no caso de haver muitas cargas de saída.

Capítulo 5: Quadro teórico

5.1 Indutor

$\boldsymbol{V_{I1}} = \boldsymbol{L1} = \frac{\boldsymbol{(delta\ L1)}}{\boldsymbol{Ton}}$ .... (1)

$L_1 = V_{I1}\frac{Ton}{(delta\ L1)}$ $L_1 = 24(\frac{1.25e-5}{0.3})$ L1=1mH (current= 4.4A) [3]

$\boldsymbol{VI1 - V(I2) = L2\frac{(delta\ L2)}{Toff}}$ .... (2)

$L2 = VI1 - V(I2)\frac{Toff}{(delta\ L2)}$ $L2 = 24 - 12(\frac{1.25e-5}{0.2})$

L2=1mH (current =1.2A) $VI2 + V(02) = L3\frac{(delta\ L3)}{Toff}$ [3]

$\mathbf{L3} = \boldsymbol{VI2 + V(02)\frac{(Toff)}{(delta\ L3)}}$... (3)

L3=1mH (current=1.3A)

Here,

V_{I1} = input voltage one

V_{I2}= in put voltage two

V_{o2} = output voltage two

L_1 = Inductor one

L2= Inductor two

L3 = inductor three

Ton = on time of switch (T= total time)

Toff = off time of switch

Delta L_1 = current ripple of inductor (16.67%)

Delta L2= current ripple of inductor (60%)

Delta L3 = current ripple of inductor (50%)

5.2 Capacitor [3]

$\boldsymbol{C1 = C2 = C3 = \frac{(VoD)}{f(s)(deltaVo)(R)}}$... **(4)**

$Co1 = Co2 = C1 \times 2$

C1 = Capacitor One

C2= Capacitor Two

C3= Capacitor Three

Vo =Output Voltage

D=Duty Cycle

F(S) =Frequency

Delta Vo= Voltage Ripple of Capacitor

R=Resistance

Co1=Output Side Capacitor 1

Co2 = Output Side Capacitor 2

Capítulo 6: Parâmetro do conversor

6.1 Parâmetro

Inductors =L1 (4.4A), L2 (1.2A), L3 (1.3A) 1mh

Input Voltage Vo1 =24 V

Input Voltage Vo2 = 12 V

Input Side Capacitor C1, C2= 220μF

Out Put Side Capacitor Co1, Co2 = 470μF

Diodes D1, D2, D3, D4=Murr560

Vf, D=0.8v, Rd=0.01 Ohm

Switch S1, S2= N-Channel Mosfet

Switching Frequency = 40 KHz

Duty Cycle = 50 %

Resistance 1, Ro1=500 Ohm

Resistance 2, Ro2=100 ohm

6.2 Component of Converter

Inductors =L1 (4.4A), L2 (1.2A), L3 (1.3A) 1mh

Input Voltage Vo1 =24 V

Input Voltage Vo2 = 12 V

Input Side Capacitor C1, C2= 220μF

Out Put Side Capacitor Co1, Co2 = 470μF

Diodes D1, D2, D3, D4=Murr560

Vf,D=0.8v, Rd=0.01 Ohm

Switch S1, S2= N-Channel Mosfet

Switching Frequency = 40 KHz

Duty Cycle = 50 %

Resistance 1, Ro1=500 Ohm

Resistance 2, Ro2=100 ohm

6.3 Componentes do conversor MIMO

6.3.1 INDUCTOR:

Um conversor MIMO pode armazenar energia no seu campo magnético utilizando um indutor. Esta energia armazenada pode ser utilizada para gerar eletricidade em condições de funcionamento específicas, tais como transições de comutação ou variações na potência de entrada ou de saída. Filtragem: Os indutores podem ser utilizados pelos conversores MIMO para eliminar ruídos ou ondulações indesejáveis de alta frequência dos sinais de entrada ou saída. Ao ligar um indutor em série ou em paralelo com uma fonte ou carga, é possível criar um filtro passa-baixo que atenua os componentes de alta frequência e só permite a passagem dos de baixa frequência.

Controlo da corrente: A corrente que flui através dos diferentes componentes de um conversor MIMO pode ser gerida e controlada utilizando indutores.

Conversão de tensão: Um indutor pode fazer parte do circuito de conversão de tensão em determinados conversores MIMO. O indutor num conversor MIMO utiliza técnicas como combinações de buck, boost ou buck-boost para ajudar a mover e alterar os níveis de tensão entre diferentes fases ou componentes

Figura 6.3.1.1: Símbolo do indutor e IMAG do indutor

6.3.2 Condensador

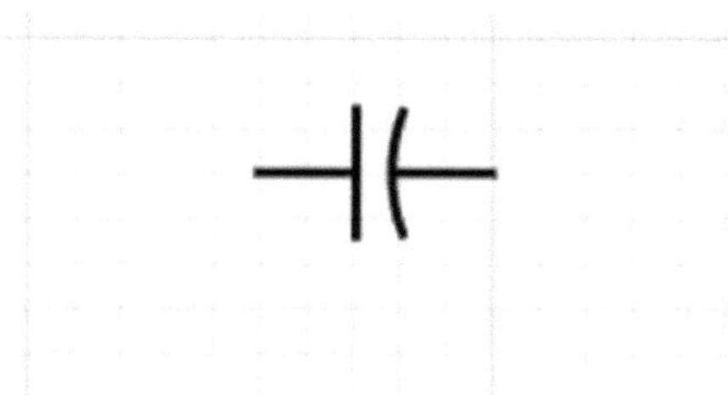

Figura 6.3.2.1: Símbolo do condensador

Figura 6.3.2.2: Imagem do condensador

Num conversor MIMO, os condensadores podem ser utilizados como dispositivos de armazenamento de energia. Podem funcionar como reservatórios de energia, retendo-a quando há uma superabundância ou fornecendo-a instantaneamente quando necessário. Estes condensadores fornecem energia aos vários elementos componentes do conversor MIMO e mantêm a estabilidade do nível de tensão.

Os conversores MIMO podem efetuar filtragem através da utilização de condensadores. Em topologias de filtro passa-baixo, passa-alto ou passa-banda, podem ser utilizados para remover frequências indesejadas ou ruído do sinal. O desempenho e a qualidade do sinal do sistema MIMO são melhorados por esta filtragem.

6.3.3 DIODO

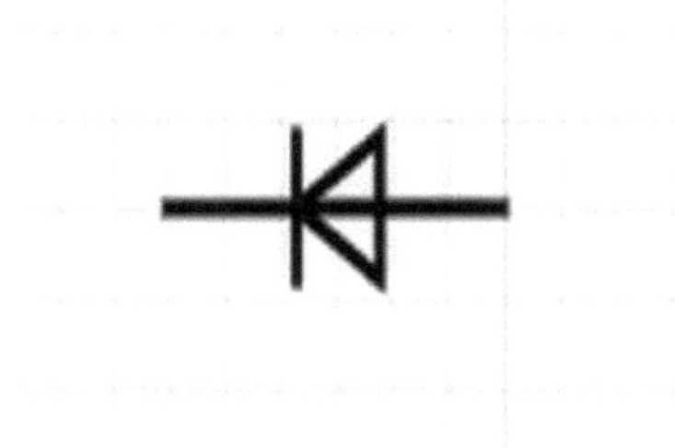

Figura 6.3.3.1 : Símbolo do DIODO

Figura 6.3.3.2 : Imagem DIODE

Comutação: Os díodos podem ser utilizados como comutadores eléctricos em conversores MIMO. Ao colocar os díodos numa condição de polarização direta ou inversa, é possível controlar o fluxo de corrente ou tensão por diferentes caminhos. Esta funcionalidade de comutação pode ser aplicada a uma variedade de tarefas, incluindo o encaminhamento de sinais, a alteração de modos de funcionamento e a proteção de componentes contra tensão ou corrente inversa.

Nos conversores MIMO, os díodos podem servir como elementos de proteção, isolando componentes ou sistemas vulneráveis. Os díodos, por exemplo, podem ser utilizados como dispositivos de fixação de tensão para diminuir os picos de tensão e os transientes e para impedir que níveis de tensão excessivos atinjam os componentes a jusante.

6.3.4 MOSFET

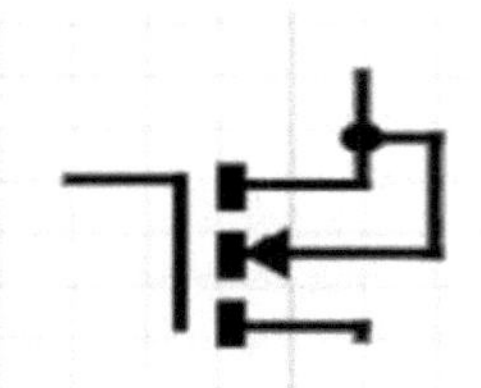

Figura 6.3.4.1 Símbolo

Figura 6.3.4.2 IMAGEM

Os MOSFETs de canal N podem ser utilizados como comutadores de potência em conversores MIMO. Como podem lidar com correntes e tensões elevadas, são úteis para comutar fontes de alimentação, reguladores de tensão e outros componentes de sistemas de alta potência. Ao variar a tensão da porta do MOSFET, o interrutor pode ser ligado ou desligado para controlar a quantidade de eletricidade que flui através do circuito.

Os conversores MIMO podem empregar MOSFETs de canal N como amplificadores de sinal. A zona de amplificação das suas características de transferência pode ser ajustada para ampliar pequenos sinais. Um sistema MIMO pode ser ativado pelo MOSFET aplicando um sinal de entrada ao terminal de porta, que condiciona ou amplifica um sinal na saída.

6.4 Ganho de tensão

Tensão de saída Vi1=24v e Vi2=12v

Tabela 6.7 Ganho de tensão

D=50%	OUTPUT	D=10%	OUTPUT
$G1 = \frac{D(1-D)}{D*2-2D+4}$	=11	$G = \frac{D(1-D)}{D*2-2D+4}$	=41.2
$G2 = \frac{vo2}{vin} = \frac{1}{1-D}$	=2	$G2 = \frac{vo2}{vin} = \frac{1}{1-D} = 2$	=1.11

6.4.1 Tabela Tensão de saída do conversor MIMO

Output voltage one= VO1	Output voltage two = VO2
$= \frac{2}{D(1-D)} Vi1 + \frac{2-D}{D} Vi2$	$= \frac{Vi1}{1-D}$
VO1=228 V(D=50%)	VO2=48 V(D=50%)
Vo1=756 V(D=10%)	Vo2=26.66V(D=10%)

Capítulo 7 : Conversor proposto

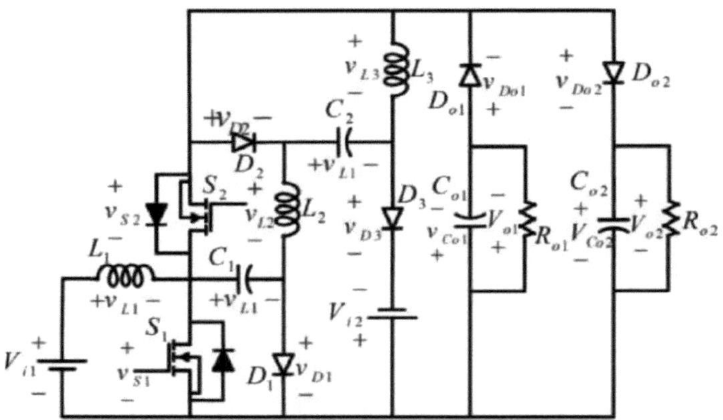

Figura 7.1.1.1: Conversor MIMO DC para DC [3]

O conversor MIMO recomendado é apresentado na Figura 1. Esta imagem ilustra as fontes de entrada (Vi1 e Vi2), as fontes de saída (Vo1 e Vo2) e as cargas de saída (Ro1 e Ro2). O conversor recomendado é constituído por três indutores (L1-L3), quatro condensadores (C1, C2, Co1, Co2), dois interruptores (S1, S2) e quatro díodos (D1, D2, D3, Do1, Do2). A abordagem PWM é utilizada para ativar os interruptores, que estão dispostos em oposição uns aos outros.

Para facilitar os cálculos, são feitas as seguintes suposições: Todos os díodos e interruptores funcionam em estado estacionário; as tensões de saída (Vo1, Vo2) são constantes; os valores de L2 e L3 são iguais (L2 = L3); todos os condensadores têm tensões constantes devido à sua elevada capacitância.

7.1 Diferentes modos de conversão

1. Primeiro Modo de funcionamento

2. Segundo modo de funcionamento

7.1.1. Primeiro modo de funcionamento:

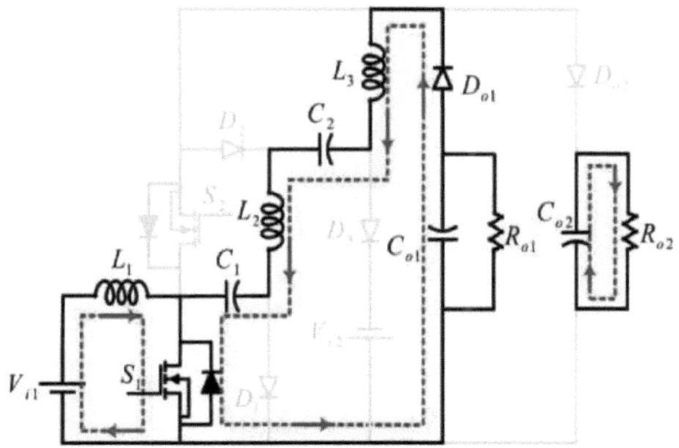

Figura 7.1.1.2: Primeiro modo de funcionamento [3]

No início deste intervalo de tempo, o interrutor S1 conduz e o interrutor S2 permanece não-condutor. A partir de agora, o Tonne relacionado é utilizado para ilustrar um intervalo de tempo. A corrente do indutor L1 aumenta linearmente devido à sua ligação direta à primeira fonte de tensão de entrada (Vi1), aumentando a quantidade de energia armazenada em L1.

Do1 é polarizado diretamente, enquanto os díodos D1, D2 e D3 são também polarizados inversamente. Consequentemente, as correntes de carga de saída são fornecidas pelos indutores L2 e L3, que são acoplados em série pelos condensadores C1 e C2, e também carregam o condensador de saída Co1. Para isso, C1, C2, L2 e L3 libertam progressivamente menos da sua energia armazenada.

O primeiro modo é apresentado na fig. 3.

7.1.2. Segundo modo de funcionamento:

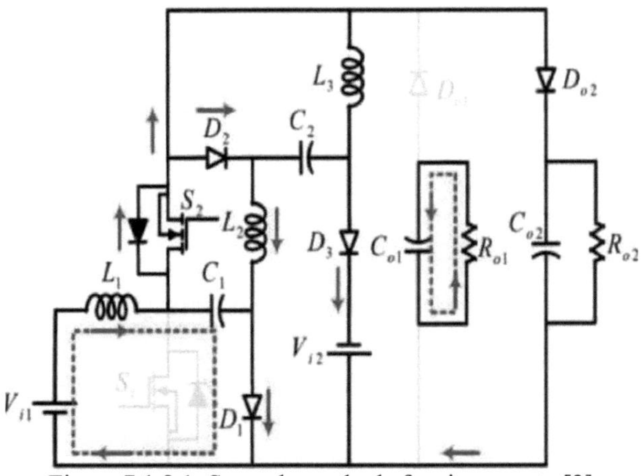

Figura 7.1.2.1: Segundo modo de funcionamento [3]

Nesta configuração, o interrutor S2 está a conduzir e o interrutor S1 está desligado. A partir de agora, o período de tempo anteriormente indicado é designado por Toff. As duas fontes de entrada para o circuito, Vi1 e Vi2, fornecem energia ao circuito neste modo. Do1 é o único díodo que não está diretamente polarizado. Consequentemente, os indutores L1, L2 e L3, bem como os condensadores C1 e C2 estão ligados. O resultado é uma queda drástica da corrente do valor de pico para o valor inferior, uma vez que a energia que estava previamente armazenada em L1 é transferida para os indutores L2, L3 e para os condensadores C1 e C2. Portanto, a corrente que flui através de L2 e L3 aumenta drasticamente do seu valor mais baixo para o seu valor máximo.

Capítulo 8 : Trabalho de simulação

Introdução ao software MATLAB

O MATLAB (Matrix Laboratory) é uma linguagem de programação de alto desempenho e um ambiente interativo desenvolvido pela MathWorks. É amplamente utilizada para computação numérica, análise de dados, desenvolvimento de algoritmos e visualização. As capacidades do MATLAB estendem-se a várias disciplinas científicas e de engenharia, tornando-o uma ferramenta poderosa para resolver problemas matemáticos complexos, desenvolver algoritmos sofisticados e criar gráficos de alta qualidade para visualização de dados.

Simulink: Uma ferramenta de simulação

O Simulink é um produto complementar do MATLAB que proporciona um ambiente gráfico interativo para modelação, simulação e análise de sistemas dinâmicos. Utiliza diagramas de blocos para representar os componentes do sistema e as suas interacções, permitindo aos utilizadores conceber e simular sistemas de controlo, sistemas de processamento de sinais, sistemas de comunicação e outros tipos de sistemas dinâmicos.

Bloco PowerGUI em Simulink

O bloco PowerGUI é uma ferramenta essencial no Simulink, especificamente concebida para simulações de sistemas de energia usando o Simscape Electrical. Ele fornece ferramentas de simulação e análise para modelos que contêm componentes de energia elétrica. Aqui estão alguns dos principais recursos e funções:

1. **Controlo da Simulação**: O bloco PowerGUI permite ao utilizador escolher o tipo de simulação (contínua, discreta ou fasorial) e definir opções e parâmetros do solver, optimizando a simulação para diferentes tipos de análises de sistemas de energia.
2. **Ferramentas de análise de potência**: Inclui ferramentas para a realização de vários tipos de análises de potência, tais como análise harmónica, análise de fluxo de carga e análise de Fourier, ajudando os engenheiros a compreender o comportamento dos sistemas eléctricos em diferentes condições.
3. **Medição e visualização**: O bloco PowerGUI facilita a medição de grandezas eléctricas como a tensão, a corrente e a potência, e fornece

ferramentas de visualização para apresentar estas medições, ajudando na análise e depuração de sistemas de energia.

4. **Inicialização e cálculo do estado estacionário**: Inicializa os estados eléctricos e calcula a solução de estado estacionário do sistema, o que é crucial para iniciar as simulações a partir de um estado conhecido e para analisar a resposta do sistema a alterações.

Ao integrar o MATLAB, Simulink e o bloco PowerGUI, os engenheiros podem criar modelos abrangentes de sistemas eléctricos, efetuar simulações detalhadas e obter informações sobre o desempenho e a estabilidade dos seus projectos. Esta poderosa combinação permite o desenvolvimento de sistemas de energia eficientes, fiáveis e optimizados para uma vasta gama de aplicações.

Quadro 8.1 Bloco de parâmetros

Parameter Input voltage Vi1, Vi2	Value 24V,12V
Switching Frequency	40Hz
Duty cycle	D=50%
Load Ro1,Ro2	500ohm,100ohm
Inductor L1,L2,L3	1mH
Input capacitor C1,C2	220μF
Input capacitor C1,C2	220μF
DiodesMUR1560;Vf,D=0.8V	rD=0.01ohm

8.1 Simulation

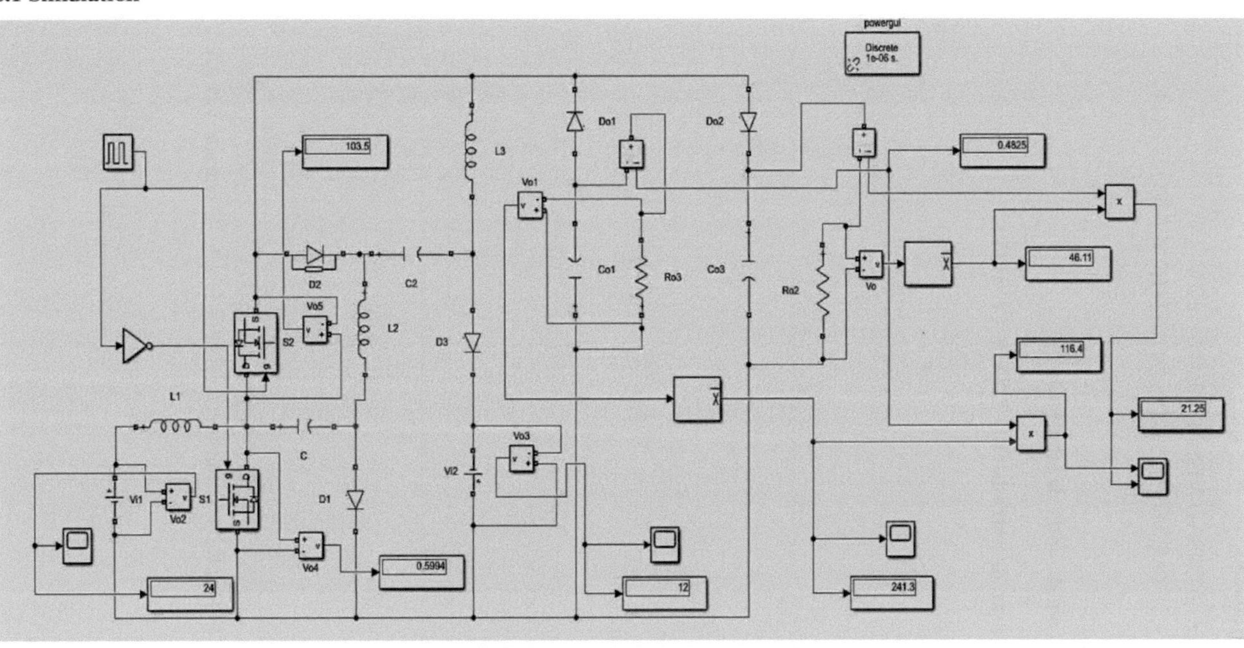

Figure 8.1.1.1: MATLAB simulation

8.1.2 Simulação

- TENSÃO VI1=24 V E VI2= 12 V
- TENSÃO DE SAÍDA VO1=241,2 V E VO2=46,14

8.2 Forma de onda de simulação

8.2.1 Tensão de entrada (VI1=24V E VI2=12V)

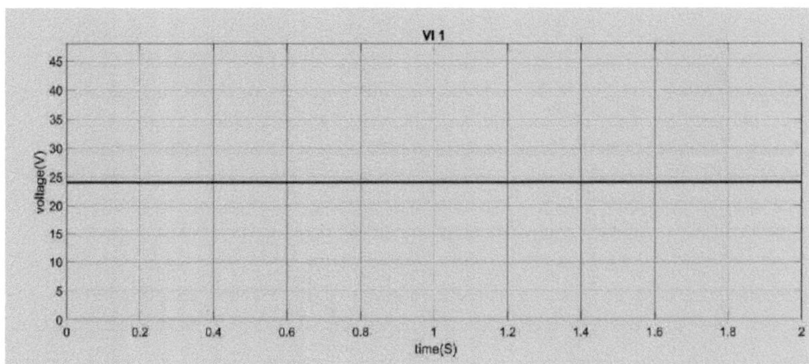

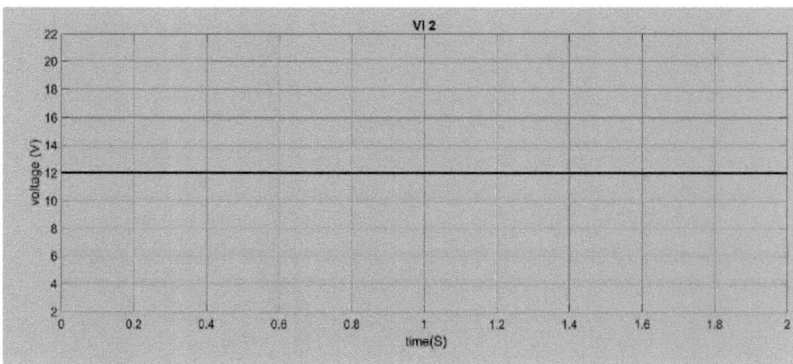

Figura 8.2.1.1: Forma de onda da tensão de entrada VI1 e VI2

8.2.2 Tensão de saída (V01=241.6V E VO2=46.11V)

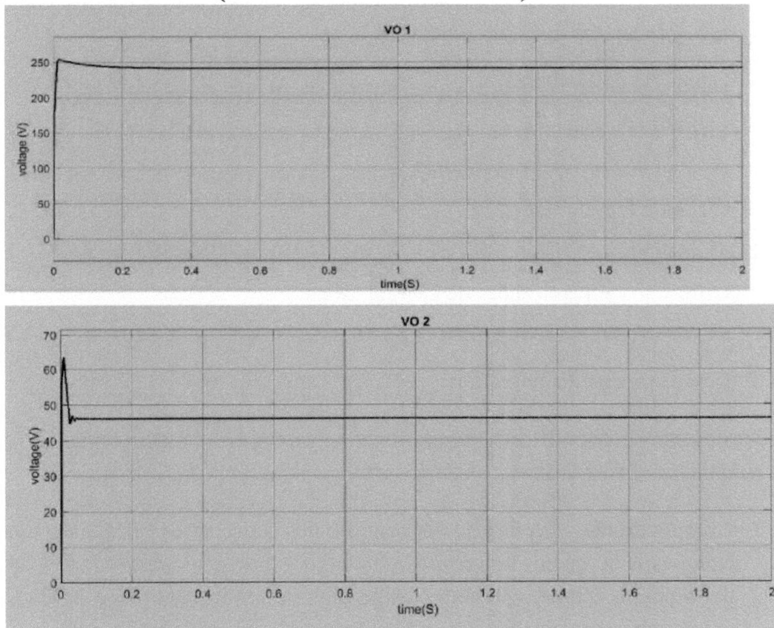

Figura 8.2.1.2: Forma de onda da tensão de saída VO1 e VO2

8.2.3 Potência de saída (P1=116.4W E P2=21.25W)

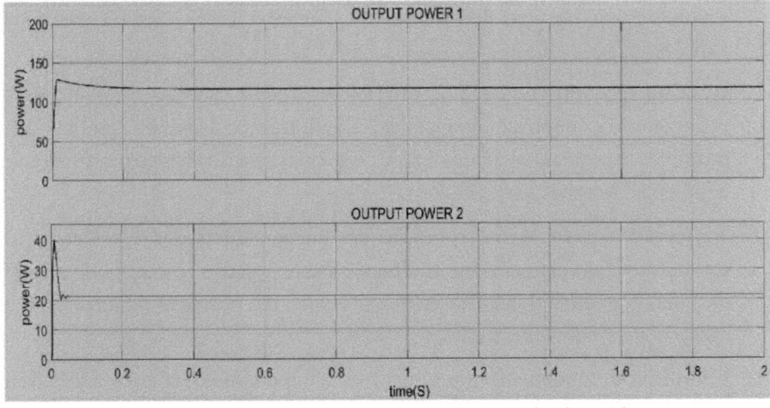

Figura 8.2.3.2 Forma de onda da potência de saída

8.3.1 Vantagens do conversor

1. Elevada capacidade de subida.

2. Controlo simples
3. Baixa tensão de pico por unidade (ppvs)
4. Ganho de tensão baixo
5. Estrutura não isolada
6. A saída do conversor está limpa
7. Custo de fabrico reduzido
8. Mais direto
9. Utilizamos em aplicações de energia limpa

8.3.2 Desvantagens do conversor

Embora os conversores MIMO ofereçam várias vantagens, também têm algumas desvantagens:

1. **Complexidade**: A conceção e o controlo dos conversores MIMO são mais complexos do que os sistemas SISO (single-input single-output). A gestão de múltiplas entradas e saídas exige algoritmos de controlo e hardware sofisticados, aumentando a complexidade global do sistema.
2. **Custo**: Devido à complexidade e à necessidade de componentes adicionais, como sensores, controladores e conversores, os sistemas MIMO tendem a ser mais caros de conceber, construir e manter do que os sistemas mais simples.
3. **Desafios de controlo**: Garantir um funcionamento estável e eficiente requer estratégias de controlo avançadas. Equilibrar o fluxo de energia entre múltiplas entradas e saídas pode ser um desafio, particularmente em condições de carga variáveis.
4. **Tamanho e peso**: A incorporação de múltiplas entradas e saídas resulta frequentemente em sistemas maiores e mais pesados, o que pode ser uma desvantagem em aplicações em que o espaço e o peso são factores críticos, como nos veículos eléctricos.
5. **Fiabilidade**: O aumento do número de componentes e a complexidade do sistema de controlo podem levar a maiores probabilidades de falha. Garantir a fiabilidade e a robustez do sistema em todas as condições de funcionamento é um desafio maior.
6. **Gestão térmica**: A gestão da dissipação de calor pode ser mais difícil nos

conversores MIMO devido à maior densidade de potência e à presença de múltiplos caminhos de alimentação, o que pode afetar a eficiência e a vida útil dos componentes.

7. **Interferência electromagnética (EMI)**: A interação de várias fontes de alimentação e conversores pode aumentar a interferência electromagnética, o que pode exigir filtragem e blindagem adicionais para cumprir as normas regulamentares.
8. **Tempo de conceção**: O ciclo de desenvolvimento dos conversores MIMO é normalmente mais longo devido à necessidade de modelação, simulação e testes extensivos para garantir um desempenho e estabilidade óptimos.

Apesar destas desvantagens, os benefícios dos conversores MIMO em termos de eficiência, flexibilidade e escalabilidade ultrapassam frequentemente os desafios, particularmente em aplicações avançadas como os sistemas de veículos eléctricos.

8.3.3 Aplicação do conversor MIMO no sistema de gestão de baterias de veículos eléctricos

Os conversores MIMO (Multiple Input Multiple Output) podem desempenhar um papel fundamental nos sistemas de gestão de baterias (BMS) dos veículos eléctricos (EV), oferecendo uma melhor gestão da energia, eficiência e flexibilidade. Eis algumas das principais aplicações:

1. **Utilização óptima da energia**: Os conversores MIMO permitem a integração e a utilização óptima de várias fontes de energia, como baterias, supercapacitores e fontes de energia renováveis (como painéis solares). Isto permite uma distribuição e utilização eficientes da energia, maximizando a autonomia e o desempenho do veículo.
2. **Balanceamento da bateria**: Nos veículos eléctricos, as células da bateria têm frequentemente variações nas taxas de carga e descarga. Um conversor MIMO pode gerir estas diferenças equilibrando dinamicamente a carga entre várias células, assegurando uma utilização uniforme e prolongando a vida útil global da bateria.
3. **Travagem regenerativa**: Os conversores MIMO podem tratar eficazmente a energia recuperada durante a travagem regenerativa, distribuindo-a por diferentes sistemas de armazenamento de energia. Isto melhora a recuperação de energia e reduz o consumo global de energia do veículo.

4. **Escalabilidade e flexibilidade**: A natureza modular dos conversores MIMO permite concepções BMS escaláveis e flexíveis. Podem facilmente acomodar diferentes configurações e capacidades de bateria, tornando-os adequados para uma vasta gama de modelos de VE e requisitos de energia.
5. **Eficiência melhorada**: Ao gerir múltiplas entradas e saídas, os conversores MIMO podem funcionar com maior eficiência em comparação com os sistemas tradicionais de entrada única e saída única. Isto leva à redução das perdas de energia e à melhoria da eficiência global do veículo.
6. **Desempenho melhorado com cargas variáveis**: Os veículos eléctricos têm necessidades de energia variáveis durante a aceleração, cruzeiro e desaceleração. Os conversores MIMO podem ajustar-se dinamicamente a estas cargas variáveis, proporcionando um fornecimento de energia estável e eficiente e melhorando o desempenho do veículo.
7. **Integração com fontes de energia renováveis**: Para VEs equipados com fontes de energia renováveis, como painéis solares, os conversores MIMO podem gerir eficazmente a entrada variável destas fontes, integrando-a no sistema de bateria principal para aumentar a autonomia do veículo e reduzir a dependência do carregamento externo.
8. **Gestão da temperatura**: Uma gestão eficiente da energia pelos conversores MIMO pode reduzir o stress térmico nas células da bateria, melhorando o seu desempenho e longevidade. Isto é particularmente importante para manter a saúde e a segurança do conjunto de baterias.

Conclusão

Nesta tese foi apresentada uma estrutura MIMO DC não isolada.

Conversor DC boost com uma forte capacidade de step up. O conversor proposto utiliza apenas dois interruptores e é adequado para a utilização de energias renováveis. A estratégia de controlo do conversor sugerido é simples, uma vez que suporta apenas dois modos de funcionamento para cada ciclo de funcionamento, foram propostos estudos teóricos sobre a tensão e conceitos de desempenho. Além disso, o conversor sugerido oferece dois ganhos de tensão distintos para a primeira e segunda saídas.

Em conclusão, esta tese explora a conceção e a implementação de um conversor CC-CC de entradas e saídas múltiplas (MIMO) adaptado aos sistemas de veículos eléctricos (VE). O conversor proposto melhora a gestão de energia através da integração eficiente de múltiplas fontes de energia, tais como baterias, supercapacitores e entradas renováveis, para satisfazer as exigências dinâmicas de energia dos VEs. Através de simulação rigorosa e validação experimental, o conversor MIMO DCDC demonstrou desempenho superior em termos de eficiência, regulação de tensão e adaptabilidade de carga em comparação com conversores tradicionais.

Além disso, o design modular do conversor garante escalabilidade e flexibilidade, tornando-o uma solução robusta para futuras aplicações de veículos eléctricos. Este trabalho sublinha o papel fundamental da eletrónica de potência avançada na otimização da utilização da energia, na redução das emissões e no avanço dos transportes sustentáveis. A investigação futura poderá centrar-se na implementação em tempo real e na integração com tecnologias de redes inteligentes para melhorar ainda mais as capacidades do sistema. As conclusões desta tese contribuem significativamente para o campo da eletrónica de potência e da conceção de sistemas EV, abrindo caminho para soluções de transporte mais eficientes e ecológicas.

Referências

A.Jose e A. Nabi, "Fuzzy Logic Control Based MIMO DC-DC Boost Converter for Electric Vehicle Application," International Journal for Scientific Research and Development | IJSRD, vol. 3, no. 10, pp. 700-704, Jan. 2016.

Babaei e O. Abbasi, "Structure for multi-input multi-output dc-dc boost converter," IET Power Electron, vol. 9, no. 1, pp. 9-19, 2016.

H. Zhang, D. Dong, M. Jing, W. Liu e F. Zheng, "Derivação de topologia de conversores CC-CC de múltiplas portas com base em portas do tipo tensão", IEEE Trans. Ind. Electron, maio (2022).

Lorenzo Ntogramatzidis , Stefania Cuoghi , Mattia Ricco , Membro Sénior, IEEE, Riccardo Mandrioli , Membro Estudante Graduado, IEEE, e Gabriele Grandi , Membro Sénior, IEEE "A Novel MIMO Control for Interleaved Buck Converters in EV DC Fast Charging Applications "janeiro de 2023

M. A. A. Nouri, A None isolated Dual input Dual output DC-DC Boost Converter for Electric Vehicle Applications. Oeste da Inglaterra, Bristol: RESEARCHGATE, 2018.

M. Dhananjaya e S. Pattnaik, "Revisão sobre conversores DC-DC multiportas", IETE Tech. Rev. Jan. (2021).

M. Dhananjaya, D. Potnuru, P. Manoharan, e H. H. Alhelou, "Conceção e implementação de uma topologia de conversor DC-DC de entrada única-multi-saída para módulos de energia auxiliar de veículos eléctricos," IEEE Access, vol. 10, pp.76975-76989, 2022.

Matsuo, H. e Wenzhong Lin e Kurokawa, F. e Shigemizu, T. e Watanabe, N., "Characteristics of the multiple-input DC-DC converter," IEEE Transactions on Industrial Electronics, vol. 51, pp. 625-631, 2004.

Pandian, Suresh e Suresh, Ramya e Premkumar, Dr.K, "Multi Input and Multi Output Zeta Converter for Hybrid Renewable Energy Storage systems," ijitee, vol. 9, pp. 4114-4119, Dec. 2019.

S.Gomathy, Dr.N.Senthilnathan, S.Swathi, R.Poorviga, P.Dinakaran" Revisão sobre o conversor DC-DC de múltiplas entradas e saídas" 04, ABRIL 2020

Saeed Azmoon-Asmarood, Mohammad Maalandish, Ibrahim Shoghli, Seyed Hamid Reza Nazemi-Oskuee, Seyed Hossein Hosseini "A non- isolated high step-up MIMO DC-DC converter for renewable energy applications " (IET)2021.

Printed by Books on Demand GmbH, Norderstedt / Germany